Die neusten Geheimwaffen Russlands
Dieses Buch entstand durch
Geheimnisverrat

Mutter Hautberg

Die neusten Geheimwaffen Russlands

Dieses Buch entstand durch Geheimnisverrat

Bibliografische Information der Deutschen Nationalbibliothek
Die Deutsche Nationalbibliothek verzeichnet diese Publikation in der Deutschen Nationalbibliografie; detaillierte bibliografische Daten sind im Internet über http://dnb.d-nb.de abrufbar.

ISBN 9783754359730

12,99 Euro

Heutzutage gibt es viele Liebhaber von Kriegsgerät
und Mutter Hautberg führt selbst einen
KampfHubschrauberVerein, aber das Wissen, dass man
erntet, sollte man stets verstreuen.
Mutter Hautberg hat geheime Akten, Eingebungen
und fremde Skizzen verbunden und führt dies den
Kriegswaffen Amerikas zu.

Viel Erkenntnis.
Mutter Hautberg

Dies ist ein neuer fortschrittlicher Panzer.
Er nimmt in einer Stärke von 200
Fahrzeugen die erste Reihe des Vorstoßes
an. Vorne an den Fahrzeugen sind
Ansaugstutzen. So kommen sie vorwärts.
Saugen sich immer wieder an der Erde
oder Bäumen an und rollen so vorwärts.
Nach vorne schießt man Schrot, in die
Luft Luftabwehrmunition und nach hinten
Nahrung für die Soldaten.
Auch hier neuartig: Der Einbau von
Glaspanzerung.

Ein Hautreißer.
Ein mit ArabaskaBuschDornen bestückter
GiftschmalzKnochen.
Seitdem dieses Artefakt in einem
abgestürzten Raumschiff gefunden und
getestet wurde, ist es nicht mehr
wegzudenken.

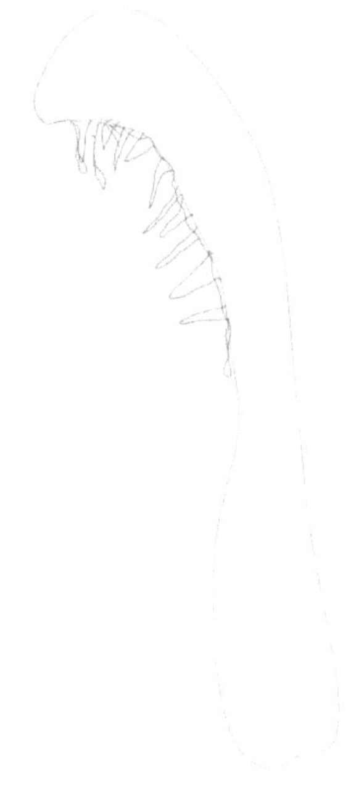

Ein Roboter in Frauenform. Er wird in die fremden Gebiete geschleust und verführt und tötet dort feindliche Generäle und PiPaPo

Eine selbstständige Sonde, die Giftgas versprüht, Biomittel freisetzt und alle anderen technischen Geräte im Umkreis stört.

Für Spione eine Bibel mit einem
Giftstachel. Zielgebiet: Vatikan

In geheimen Laboren züchtete man
diese Zitterraupe. Erst einmal losgelassen
ruppt sie schnurgerade 200 Kilometer
kaputt. Egal, was auf dem Weg liegt: Es
wird zerstört.

Manche (kleinere Raupen) können Reiter tragen.

Ein ganz besonderer Wurfstern. Er steckt sich gut fest und entfaltet sich bei Haftkontakt und frisst sich somit komplett ein und explodiert dann.

Jegliche Schutzwesten der Streitkräfte
sind im Notfall auch
KamikazeEigenBombe

23

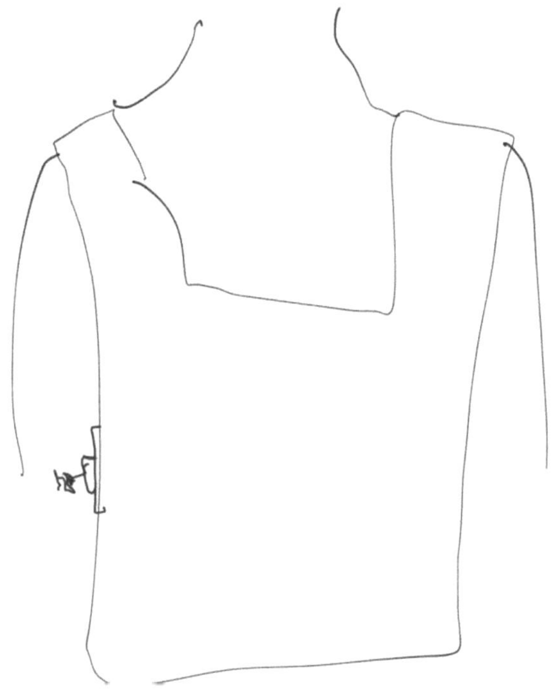

Mechanische Feuervögel

Es gibt freundliche Kontaktmännlein. Sie
sind stets neutral und vermitteln zwischen
den jeweiligen Nationen. 1920 wurden
sie vom Schweizer Geheimdienst
geschaffen und jede Nation erhielt drei
Stück. Jedes Land dieser Welt hat ein
Kontaktmännlein.

Es gibt ein geheimes Zeichen der Streitkräfte. Wenn Sie dieses Symbol irgendwie sehen, hier haben sie Schutz oder Gefahr. Je nachdem, auf welcher Seite Sie stehen.

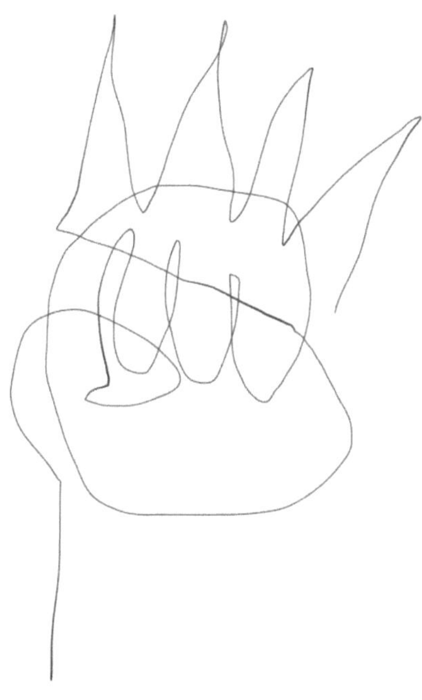

30

Es gibt aber auch schlimme Männlein aus Staatsanbau. Umgangssprachlich nennt man sie Bombenträger. Sie können nicht denken und gehen einfach nur aufs Ziel los. Man hält sie meist unter dem Haus und bei Gefahr öffnet man die Pforten. Bis dahin leben sie von allen heruntergefallenen Lebensmittel, die durchs Sieb fallen oder die in der Toilette landen.

Todeskappen. Sie fliegen über feindliche Lager, erspähen durch die Kennzeichnung die Rangoberen, fliegen heran, setzen sich auf und schon ist der Mensch tot, aber der Körper fremdgesteuert.

Straßenlampen die gleichzeitig
Todesstrahlkanonen sind.

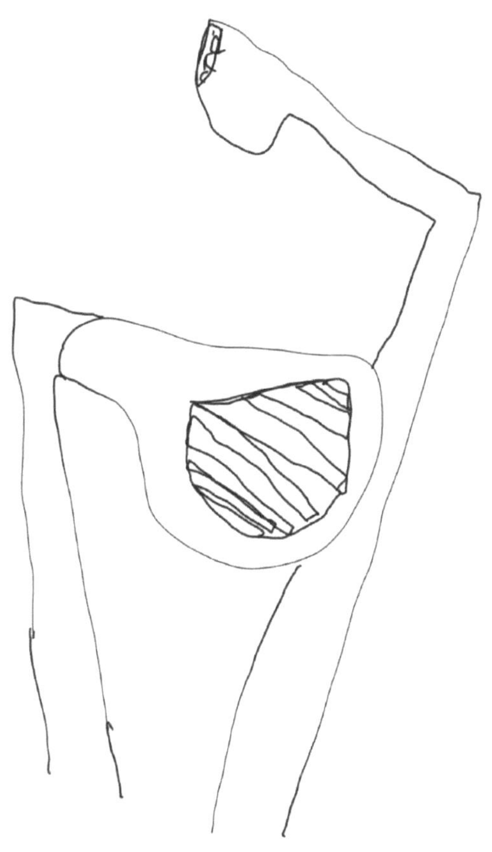

Man benutzt noch immer Kanonenvögel.
Zwischen den Jahren 1967 und 1988
züchtete man Vögel mit
Bombenschnäbeln. Gedickte
Schnabelkreide ist perfekt um als
Schießbolzen und Haltebindung zu
dienen.

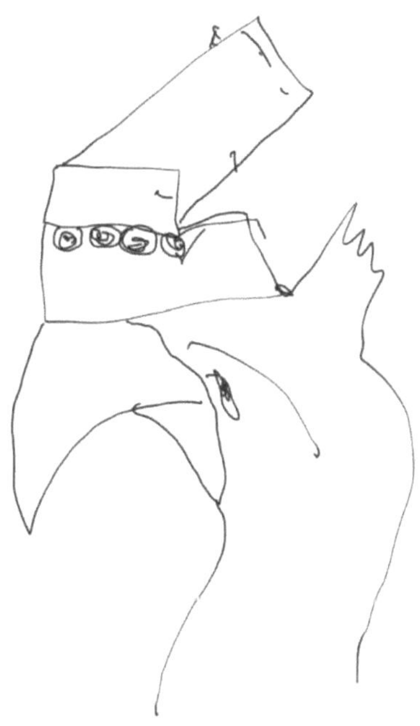